Dente del Gigante

4019 m

K2

8611 m

Weisshorn

4506 m

詩文出處

插圖說明

p.08　艾格峰（Il Monte Eiger），位於瑞士。

p.11　白朗峰（Il Monte Bianco），位於義大利與法國邊界。

p.12　喜馬拉雅山脈（dell' Himalaya）諸峰，位於亞洲。

p.13　十四座八千公尺以上的山峰，其中三座由上而下：聖母峰（l'Everest）、K2峰，以及馬納斯盧峰（Manaslu）。

p.14　水晶群峰（Gruppo del Cristallo），位於義大利維內多省白雲石山脈（Dolomiti）。

p.15　白雲石山脈最著名的幾座山峰，順時鐘方向由上而下：拉特馬山（il Latemar）、拉伐雷多三峰（le Tre Cime di Lavaredo）、歐德勒峰（le Odle）、瑪摩拉達峰（la Marmolada）、維尤雷之塔群峰（le Torri del Vajolet）。

pp.16-17　艾爾斯巨岩（L'Ayers Rock），位於澳洲，不同角度的視野。

pp.18-19　馬特洪峰（Il Monte Cervino），位於本寧阿爾卑斯山脈（Alpi Pennine），介於義大利和瑞士之間。

pp.20-21　派內群塔峰（Le Torres del Paine），位於智利。

pp.22-23　幾種高山花朵與植物。左頁由上而下，橫向：手參屬高山蘭（nigritella）、耬鬥菜（aquilegia）、黃龍膽（genziana lutea）、龍膽草（genziana）、雪絨花（stella alpina）、金絲桃（iperico montano）、雪花蓮（bucaneve）；右頁：龍膽草（genziane）和番紅花（crochi）。下：鳥瞰歐阿西阿勾高原（Altopiano di Asiago）景觀。

p.24　右上：米亞吉冰川（il ghiacciaio del Miage），位於白朗峰山脈；下：魯托冰川（il ghiacciaio del Rutor），位於奧斯塔山谷區（Valle d'Aosta）。

p.25　埃爾斯米爾島（Ellesmere Island）上的一條冰川，位於加拿大北部。

pp.26-27　幾種高山飛禽。左頁：美國金雕（aquila reale americana）；右頁，橫向：黑啄木鳥（picchio nero）、兩隻遊隼（falchi pellegrini）和幾隻紅腹灰雀（ciuffolotti）。

p.28　阿爾卑斯山和亞平寧山的幾種典型動物。上：一對狼（lupi）；中，橫向：鹿（cervo）、南歐野羊（muflone）、獾（tasso）、豪豬（istrice）和黇鹿（daini）；下：狐狸（la volpe）。

p.29　其他一些高山動物。上：岩羚羊（camosci）。中：野豬（cinghiali）；下：羱羊（stambecchi）和熊（orsi）。

pp.30-31　錫比利尼山脈（Monti Sibillini）景觀，位於亞平寧山脈（Appennini）中央，介於溫布利亞（Umbria）與馬爾凱省（Marche）之間。

p.32　埃特納火山（Etna），歐洲最高的活火山。

p.33　上起：位於坎帕尼亞地區（Campania）火燒地（Campi Flegrei）的一個火山口；埃特納火山的一個火山口爆發的情景；阿拉斯加州的火山口以及卡特邁湖（Katmai）。

p.35　由上而下：夏威夷島上的基拉韋厄火山（Kilauea）；富士山，日本的聖山；巴達本加火山（Bardarbunga），位於冰島中心。

p.36　斯特龍博利火山島（Stromboli）和小斯特龍博利島（Strombolicchio），伸出第勒尼安（Tirreno）海面，構成位於西西里島北面利帕利群島（Lipari）的部分。

pp.42-43　最有名的聖山其中四座。由上而下：埃及的西乃山（Sinai）；左下：位於祕魯的馬丘比丘（Machu Picchu）；右下：土耳其的亞拉拉特山（Ararat），以及位於西藏的岡仁波齊峰（Kailash）。

p.44　位於白朗峰上的杜林高山庇護所（Il Rifugio Torino）。

原著書名／Montagna
編　　輯／艾貝托‧康佛提（Alberto Conforti）
插　　畫／艾蓮娜‧費德里戈（Elena Fedrigo）、盧卡‧帕德瑞利（Luca Pettarelli）、歐嘉‧羅莎（Olga Rosa）、李卡多‧倫奇（Riccardo Renzi）、茱莉亞‧羅西（Giulia Rossi）
譯　　者／黃芳田

總 編 輯／王秀婷
主　　編／廖怡茜
責任編輯／張倚禎
版　　權／徐昉驊
行銷業務／黃明雪

發 行 人／涂玉雲
出　　版／積木文化
　　　　　104台北市民生東路二段141號5樓
　　　　　電話：(02) 2500-7696｜傳真：(02) 2500-1953
　　　　　官方部落格：www.cubepress.com.tw
　　　　　讀者服務信箱：service_cube@hmg.com.tw

發　　行／英屬蓋曼群島商家庭傳媒股份有限公司城邦分公司
　　　　　台北市民生東路二段141號11樓
　　　　　讀者服務專線：(02)25007718-9｜24小時傳真專線：(02)25001990-1
　　　　　服務時間：週一至週五上午09:30-12:00、下午13:30-17:00

郵撥：19863813｜戶名：書虫股份有限公司
網站：城邦讀書花園 www.cite.com.tw

香港發行所／城邦（香港）出版集團有限公司
香港灣仔駱克道193號東超商業中心1樓
電話：852-25086231｜傳真：852-25789337
電子信箱：hkcite@biznetvigator.com

馬新發行所／城邦（馬新）出版集團 Cite (M) Sdn Bhd
Cité (M) Sdn. Bhd. (458372U)
41, Jalan Radin Anum, Bandar Baru Sri Petaling, 57000 Kuala Lumpur, Malaysia.
電話：603-90578822｜傳真：603-90576622
電子信箱：cite@cite.com.my

Text translated into Complex Chinese © Cube Press 2016
© 2013-2017 Rizzoli Libri S.p.A., Milan
© 2015 RCS Libri S.p.A., Milano
Prima edizione Rizzoli novembre 2015
Tutti i diritti sono riservati

封面設計／曲文瑩
內頁排版／張倚禎
製版印刷／上晴彩色印刷製版有限公司
2017年3月28日　初版一刷
2022年7月28日　初版二刷
售價／650元
ISBN：978-986-459-077-3

城邦讀書花園
www.cite.com.tw

Printed in Taiwan

ALBERTO CONFORTI

艾貝托・康佛提——編輯

山

ELENA FEDRIGO, LUCA PETTARELLI,
OLGA ROSA, RICCARDO RENZI,
GIULIA ROSSI

艾蓮娜・費德里戈｜盧卡・帕德瑞利｜歐嘉・羅莎
李卡多・倫奇｜茉莉亞・羅西——繪圖

黃芳田——翻譯

積木文化

若你想看山谷，就上到山頂去；
若你想看山頂，就上到雲霄去；
但你若想暸解雲，就閉上雙眼去想。

——黎巴嫩詩人　紀伯倫（Kahlil Gibran）
《靈性語錄》（*Spiritual Sayings*）

我們知道古代的人類會爬上山，很可能純粹是為了
狩獵或作戰。幾年前，在南提洛爾上阿迪傑的阿爾
卑斯山上，發現了冰人奧茨（Ötzi）的木乃伊，他
是遠古時代的獵人，在三千公尺高的山上死去，也
許是死於跟敵人的作戰中。

在山裡，你得有辦法下得來，
才能堅持一定要攻到山頂。

——西班牙越野跑手　基利安·何內特（Kilian Jornet）
《跑或死》（Correr o Morir）

登山家應該要懂得他想攀爬的岩石是怎樣形成的，
因為不是所有的岩石都一樣，都能禁得住風蝕、雷
電、冬天積壓的冰雪，尤其對攀登者來說，更重要
的是知道岩石能否承受得起自己的體重，而且僅依
靠釘進岩石的一根釘子來支撐所有重量。

繼續做你已經開始著手的事，說不定將來就會抵達顛峰，
或起碼到達高處，來到只有你能明白那並非顛峰的某個點。

——古羅馬哲學家　塞內加（Lucio Anneo Seneca）
《給魯其留的信》（*Lettere a Lucilio*）

在西方，第一個登山故事是由佩脫拉克寫下的，這位偉大的義大利詩人於一三三六年在他的兄弟格拉多（Gherardo）陪伴下，登上了法國亞維農附近的最高峰馮杜山（Ventoux），也就是大風山（Ventoso），一千九百多公尺高的山峰在今天看來不算是太高，但在當年這位詩人眼中，一定是令人頭暈目眩的。

在佩脫拉克的登山事跡之後，有很多年，甚至是幾世紀，再也沒有聽過這樣的登山壯舉，彷彿高山又恢復了嚴峻而遙遠。

直到十八世紀末，有了現代登山術，一七八六年帕卡德（Paccard）和巴爾瑪（Balmat）首次攀登上了白朗峰。從此，征服更高山峰就成了一場勢不可擋的競賽。

此處沒有豪宅，沒有劇院或涼廊，
反倒有一株冷杉、一株櫸木、一株松樹，
在綠草和附近美麗的山巒之間，
從那裡上上下下組成詩句，
伴著我們的才情從大地升向天空。

——義大利詩人　佩脫拉克（Francesco Petrarca）
〈十四行詩 10〉（sonetto X）

征服歐洲所有的高山之後，登山者就更想要攀登世界最高的山，它們聳立在遙遠的亞洲，雖然對這些山瞭解不多，但卻曉得它們很雄偉，有很多高達海拔八千公尺以上，幾乎是歐洲最高峰的兩倍。八千公尺高的山峰總共有十四座，除了兩座以外，其餘的都位在喜馬拉雅山脈。例外的兩座包括令人生畏的 K2 山峰，都位於喀喇崑崙山脈（Karakorum）。

義大利人梅斯納是首位成功登上這十四座山峰的人，他登上這些山峰所採用的新方式，有別於其他早期攀登喜馬拉雅山的重要登山家，梅斯納採用接近「阿爾卑斯式」的登山技術，登山隊規模很小，裝備減到最少，而且不靠氧氣瓶。

一般都以為聖母峰是世界最高的山，也對⋯⋯如果以人們眼睛看得到的部分來說。但其實還有一座隱藏的山嶽更高，這就要說到莫納克亞山（Mauna Kea）了，它從夏威夷島嶼海底深處聳立出來，水面下的山腳到頂峰高度超過九千公尺。像這類的山，都是遠古火山現象所造成的結果。

每個人都有自己的聖母峰要攀登，
但光是夢想登頂是不夠的……
我希望能找到力量和動機出發上路。

── 義大利登山家　西莫內·莫羅（Simone Moro）

很多人認為世上最美麗的是白雲石山脈,因為山巔高聳的形狀和多彩紋理的山峰,讓人永遠一眼就可辨認出來,尤其是在各種不同光線下變化多端的色彩。它們也許不是大地上最美的山,但在健行者、登山者或來自全球各地的遊客心目中,肯定是最受喜愛和欣賞的山脈之一。

我不是為了抵達山頂而爬山,
是在爬了山之後才抵達山頂。

—— 義大利登山家　梅斯納(Reinhold Messner)
《移山》(*Berge versetzen*)

澳洲原住民尊它為聖地，全球各地的遊客來
澳洲觀光時，也免不了受它吸引，為它著迷。
「烏魯魯」（Uluru）是當地土語名字，西方
人稱它為「艾爾斯巨岩」（Ayers Rock），
堪稱為世上最奇特的山。烏魯魯是整塊且龐
大的岩石，又矮又長，矗立在澳洲中部的大
沙漠裡，儘管不是很高，但在幾公里外就可
以清楚看見它。

烏魯魯最壯觀的特色，就是它強烈的色彩，
每天在不同時間的光線照射下，有不同的色
調變化，從亮紅色到橙色、金赭色。

若想要爬上它光滑的壁面可能挺危險的，原
住民很希望他們的聖山成為登山者的禁地，
但遊客卻不斷試圖想爬上烏魯魯陷阱處處的
山坡。

山巒是大地上的宏偉教堂，
有著岩石大門、雲彩鑲嵌畫、
溪流組成的詩班、白雪打造的祭壇，
紫穹頂上閃爍著星辰。

——英國藝術評論家　羅斯金（John Ruskin）
《現代畫 1》（*Modern Painters 1*）

18

最讓探險家和登山者著迷的山峰之中，馬特洪峰占有很特殊的一席之地，一方面因為它有非常美麗的形狀，就像比例完美的修長金字塔；一方面因為它的山壁很難攀爬，直到一八六五年，才首次由愛德華‧惠普領導的登山隊攀登成功。

那次登山的下山途中，發生了首宗山難，有四名登山者罹難了。歐洲所有的報紙都在談論這件慘事，讓那時代的民眾很難忘。

從各角度看去，
馬特洪峰宏偉得令人生畏，
外觀絕不平凡。
因為這樣的原因，
以及它在欣賞者心目中留下的印象，
使得它在眾山之中獨樹一格，
在阿爾卑斯山脈中無與倫比，
即使是在全世界，
也少有山峰能與它比美。

——英國登山家　愛德華·惠普（Edward Whymper）
《攀登馬特洪峰》（*The Ascent of the Matterhorn*）

高高的夢鄉裡有森林還有山巒，以及整片大地。
宛如一份恩賜，從寂靜的天上降落。
而我聽到你的靈魂擊打著，
在這寂靜的背後，
宛如一道活水在一片冰下……

——義大利詩人　安托妮亞·波齊（Antonia Pozzi）
〈冬夜〉（*da Notturno invernale*）

山會移動，即使我們不察覺。構造板塊，
也就是山矗立其上的地基，會以我們指甲
生長的速度「旅行」遷移，其中移動最快
的，一年可動十五到十七公分，差不多等
於一名女性頭髮生長的速度。

種樹最好的時機，是二十年前。
次好的時機是現在。

——中國諺語

當我走進長滿古樹的林子裡時，那些樹比一般的要高，
濃密交織的枝椏遮蔽了天空視野，樹幹龐大的陰影，
那地方的寂靜，難道沒讓你感到神的存在嗎？

——古羅馬哲學家　塞內加（Lucio Anneo Seneca）
《給魯其留的信》（*Lettere a Lucilio*）

在那些終年冰封的高山上，冬天下的雪到了最溫暖的季節也融化不了。這些雪積在山頂，到了冬天又積上新雪。如果下雪不斷又沒有融雪，積雪在這座山上就會形成冰河。冰河先是受到積雪本身重量所擠壓，開始慢慢往山谷流下，看起來就像一條冰塊組成的壯觀大河。

高聳的冷杉輕輕呼吸著，
裹在白雪大衣中，
那白色華麗更加柔軟、濃烈，
逐漸包住了每根枝椏。

——奧匈帝國詩人　里爾克（Rainer Maria Rilke）
《呼吸著高大松樹》（*Die hohen Tannen atmen*）

閃閃生輝的嶙峋山峰上，岩羚羊跳躍著，
雪崩如雷鳴，巨大冰塊滾過嘩啦作響的樹林，
然而從這藍色散發出的寂靜裡，
這隻鷹出現在陽光中，展翅，
緩緩盤旋下降於這莊嚴陰鬱的飛翔中。

——義大利詩人　卡杜奇（Giosuè Carducci）
〈皮埃蒙特〉（*da Piemonte*）

我倚欄伸向虛空，在那裡逗留了幾小時，
認出泡沫及其發出怒吼的藍水流過烏鴉與岩石間飛翔猛禽的叫聲，
從森林到樹叢，在我下方有成百隻手臂。

——法國思想家　盧梭（Jean-Jacques Rousseau）
《懺悔錄》（*Les Confessions*）

奧維德（Ovidio）在他的作品《變形記》
（*Metamorfosi*）中，敘述了一名俊美無
比的少年伽倪墨得斯的故事，天王朱比
特在大地上看到他並愛上了他，愛到想
把他帶到奧林匹斯山的天庭去。為了劫
持這名少年，天王變成了空中最威猛的
生物，鷹，把少年載到自己的國度，讓
他成為眾神的侍酒童。

鷹，一直是威權的象徵，在羅馬帝國
時代，猛禽的威武形象出現在強大的
遠征軍軍旗上。比較近代的則出現在
許多統治者的旗幟上，例如哈布斯王
朝諸皇的旗幟。

狼可算是一種純肉食動物，
在獵捕時，尤其是涉及大型獵物時，
必須要靠群體夥伴的團結力量。
為了滿足可觀的覓食需求，
一群狼不得不長途跋涉，
在遷徙過程中，要一路保持緊密，
以便壓倒較大型的獵物。
嚴格的社會組織，完全服從狼群首領，
以及在與最危險動物廝殺時的絕對團結，
這些是狼之所以能在不穩定的生存環境中
成功的先決條件。

——奧地利動物行為學家　勞倫茲（Konrad Lorenz）
《所羅門王的貓狗指環》（*Wir kommen auf den Hund*）

山裡住了很多美麗的動物，在密林中，
在高處岩石的寒冷中，住在牠們最適合
的生態環境裡。鹿、南歐野羊、岩羚羊、
羱羊、黇鹿，牠們有優美的體型，加上
天生靈敏、動作迅速，能在懸崖峭壁上
來去自如，是最容易加入阿爾卑斯山環
境的哺乳動物。

隨著任由這些山巒回歸自然，包括那些比較矮的山如亞平寧山脈（Appennini）等，森林裡那些似乎消失已久的野生動物又多了起來，首先是狼，令人生畏又讓人著迷的動物，牠們又逐漸征服了歐洲的森林。

狼又回來的其中一個原因是，野豬一直不斷大量繁殖、擴張，這是具有侵略性和破壞性的動物，但卻是狼的理想獵物。但也有其他非常美麗的野生動物又重新在我們的森林裡繁殖，從熊到狐狸，從山貓到最小的貛和豪豬。

我到森林裡是因為想活得有智慧，只去面對生命的要素，
也看看自己能否從生命的課程中學習，
免得到了臨終時，才發現自己不曾活過。

——美國作家　梭羅（Henry David Thoreau）
《湖濱散記》（Walden）

埃特納的山肩隆隆作響，威脅著要喚起它的怒火。

——羅馬詩人　盧克萊修（Tito Lucrezio Caro）
《關於大自然》（*Sulla natura*）

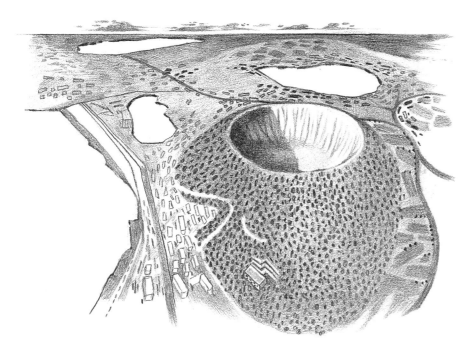

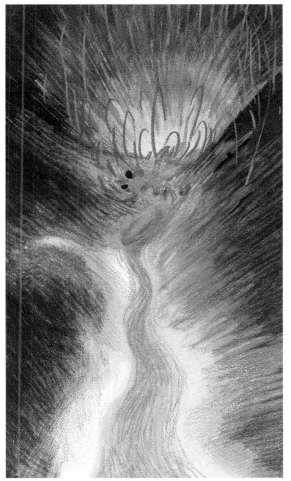

自古以來最讓人著迷又害怕的山，莫過於火山了。在古人眼中，這些可怕的山峰噴出火和熾熱的熔漿，足以毀滅它們碰到的一切，看起來就像是通往地獄的大門。

火成岩（rocce ignee）的怪名來源，就像很多我們日常的用字一樣，是源自於古拉丁文「ignis」，由這個字衍生出「igneo」，其實就是拉丁文裡的「火」字。其他還有源自於古傳統、神話或傳說的，例如有些火成岩叫作「深成岩」（plutoniche），是來自於「普魯圖」（Plutone），在古希臘和羅馬神話中，他是掌管陰間的神。

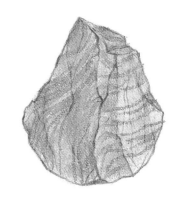

說來要歸功於一場恐怖的悲劇，也就是西元七十九年發生的維蘇威火山爆發，為我們留下了一座幾乎完整的古羅馬城市。就在那一年，事實上，並不知道是在八月還是十月，維蘇威火山噴出了大量的火山灰、塵土和火山礫，把這座城市整個掩埋了，害死了居民，但卻將建築物保存了好幾個世紀。

在古羅馬神話中，伏爾坎（Vulcano）被視為掌管火的神，而且認為他的鍛爐就位於埃特納火山深處，這是歐洲最大的活火山。埃特納火山雄踞於西西里島東部，從很多城市都可以看得見，這是因為它高聳在一片丘陵和平坦的地貌上。有時這座火山會醒來，張開山坡上的火山口，噴出熾熱的熔漿。

火山根據噴發的狀況，可以分成幾種不同類型，其中包括：夏威夷式（hawaiani）、斯特龍博利式（stromboliani）、伏爾坎寧式（vulcaniani）、維蘇威式（vesuviani）、蒲林尼式（pliniani）……。每一類的噴發方式各有不同，火山內部滿積的極高溫熔漿有的是往地面流，有的是往天空噴。紅火山或灰火山，就是根據這些火山爆發之後呈現的顏色來稱呼；紅火山是指白熱化的熔漿一道道流過山壁，形成紅色。灰火山則是爆發時噴出大量火山灰，慢慢落下覆蓋了大地。

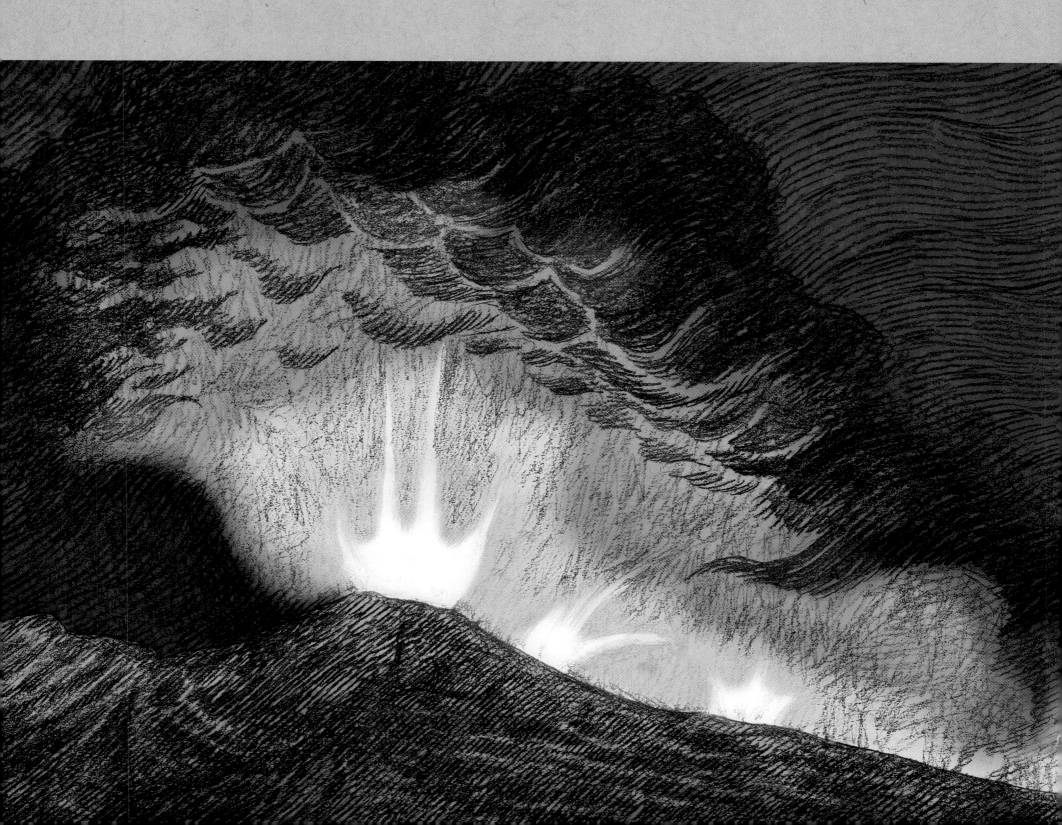

火山在西西里島,
也在南美洲。
我的地理觀念好像不太對,
怎麼火山離這裡好近,
熔岩隨時都會踏進,
我想攀登,
也許攀入那個火山坑,
維蘇威火山就在這房裡。

——美國詩人　艾蜜莉·狄金生(Emily Dickinson)
《詩集》(*Poems*)

不亞於閃耀著黃金和象牙的神像，
我們崇拜著神聖的森林，
以及在這些森林裡的，寂靜。

——古羅馬作家 老蒲林尼（Plinio il Vecchio）
《博物誌》（*Storia Naturale*）

「雪怪」（Yeti）是一種神祕的生物，
不斷有人討論牠的存在與否；古時候認
為牠是一種危險的怪物，力大無窮，對
人類充滿敵意。儘管是傳說中的生物，
但仍有很多登山者作證說在登山探險途
中見過，雖然有的是遠遠見到，有的則
是見到牠們留下的蹤跡。在這些證人之
中，包括了梅斯納，他聲稱一九八六年
於西藏的登山探險中遇到過一個雪怪。

對於未知事物的恐懼，以及其高無比、
難以抵達的山，一直以來刺激了人類認
為在這些山峽裡必然住著奇怪又危險的
生物，例如山怪，一種住在森林裡很嚇
人的巨人，或者比較不兇猛但很愛惡作
劇的地精，還有森林裡的精靈。

高不可攀，山峰高聳入雲霄，霧雪環繞，與天空融 為一片，古希臘人一直認為奧林匹斯山是眾神居住 的天庭。奧林匹斯神的生活一般認為是活在永恆的 平靜極樂中。奧林匹斯山的神都是天王宙斯所生， 古羅馬人稱他為「朱比特」。

也許是因為它那近乎完美的錐狀，也許是因為它傲然孤立在大平原上，也許是因為它一年有十個月山峰積雪如糖霜，海拔將近三千八百公尺的富士山，被認為是世上最美的山之一。

每個時代的藝術家在無數的繪畫和版畫中，都描繪了它的樣貌，其中最有名的，當屬日本最偉大畫家葛飾北齋的作品。

從遠古時代開始，很多宗教都把山當成聖地，在許多東方國家裡廣傳的佛教就是如此。因此從古至今到那些山裡朝聖，被視為特別重要的膜拜儀式。很多朝聖者去那些聖山，是為犯下的大錯而求寬恕，或者還願，不管是對自己或對神許的願，還有的則是想在疲累的旅途中，尋找一處安頓靈性的所在。

岡仁波齊峰高聳在西藏荒涼的高原上；尖峰積滿了冰，自古以來長途跋涉的旅人在橫越那些大山谷時，就注意到它。岡仁波齊峰是印度教徒和佛教徒的聖山，他們不辭艱辛來朝聖，就是為了要對這重要的地方致敬。

在基督教裡，通常山是神靈顯現的地方，或者是神和人接觸的地方：根據福音書上記載，耶穌就是在被視為世界中心的大博爾山（Tabor）改變了容貌；而摩西則是在西乃山（Sinai）領受了十誡石板；據聖經記載，在上帝降下懲罰人類的大洪水之後，挪亞及其方舟是在亞拉拉特山峰（Ararat）登陸的；髑髏地（Calvario）又稱各各他山（Golgota），是一般認為亞當埋葬的地方，耶穌也是在這裡釘上了十字架。

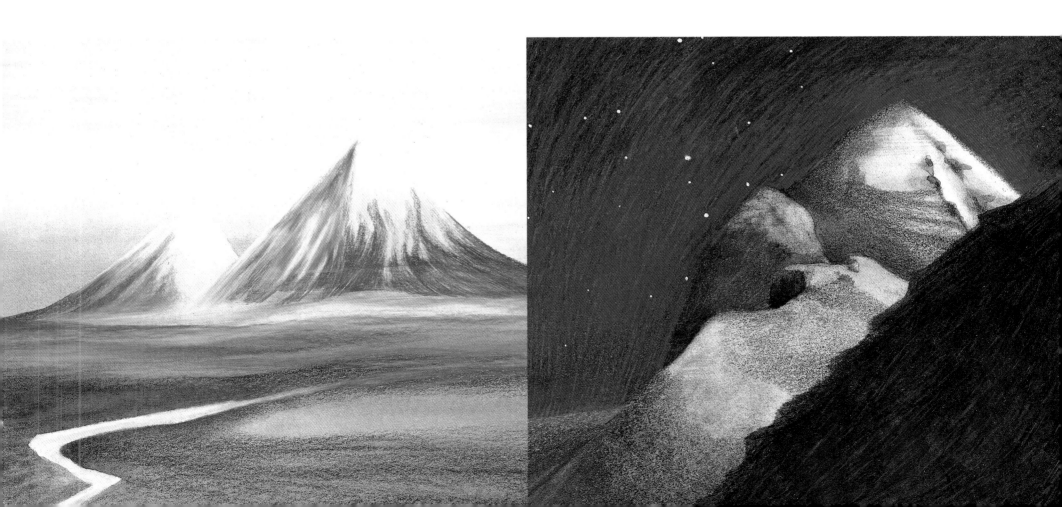

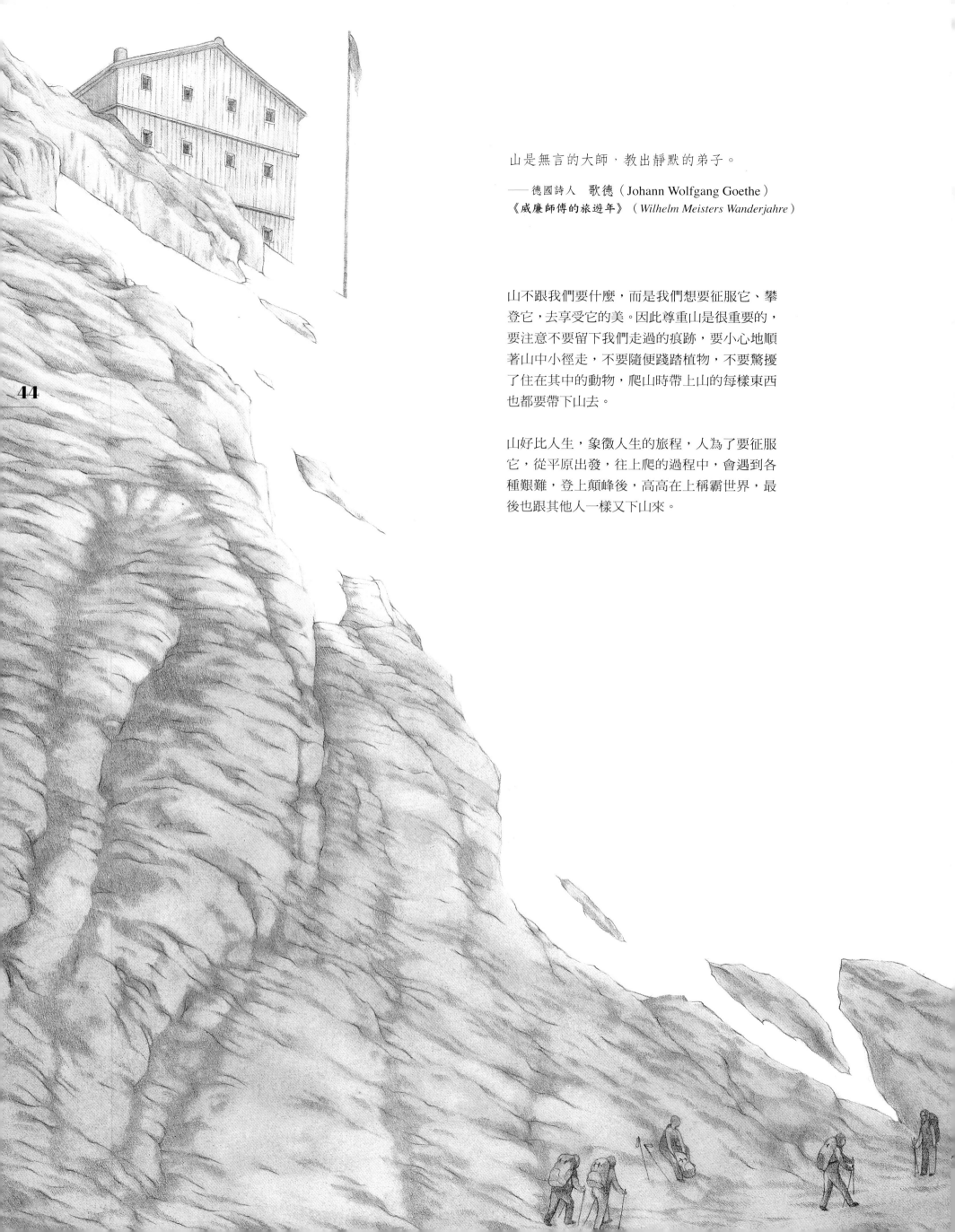

山是無言的大師，教出靜默的弟子。

——德國詩人 歌德（Johann Wolfgang Goethe）
《威廉師傅的旅遊年》（*Wilhelm Meisters Wanderjahre*）

山不跟我們要什麼，而是我們想要征服它、攀登它，去享受它的美。因此尊重山是很重要的，要注意不要留下我們走過的痕跡，要小心地順著山中小徑走，不要隨便踐踏植物，不要驚擾了住在其中的動物，爬山時帶上山的每樣東西也都要帶下山去。

山好比人生，象徵人生的旅程，人為了要征服它，從平原出發，往上爬的過程中，會遇到各種艱難，登上顛峰後，高高在上稱霸世界，最後也跟其他人一樣又下山來。

Cervino
4478 m

Everest
8848 m

Cerro Torre
3128 m